Cross Sums

Cross sums is a math puzzle that one needs to solve. The way it works is that one has to place one number (1 to 9) in every empty square in such a way that the sum of the equations for that column or row is the number that is shown as the solution right below the puzzle.

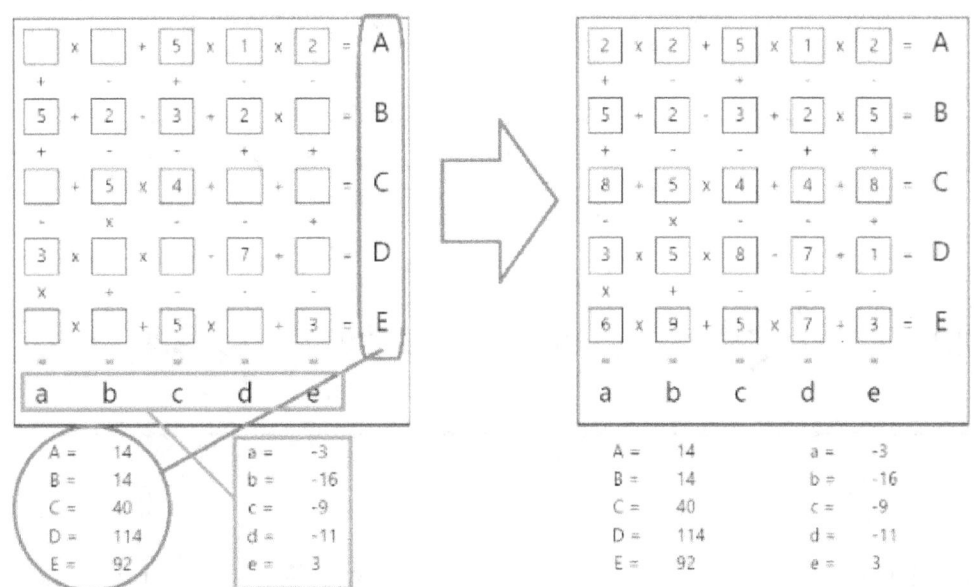

1

$$\square \times 6 + 6 - \square \times 9 = A$$
$$-\quad\quad +\quad\quad +\quad\quad +\quad\quad +$$
$$\square \times 5 + \square \times \square - 4 = B$$
$$+\quad\quad -\quad\quad -\quad\quad +\quad\quad +$$
$$\square + 5 \times 4 + \square \times 7 = C$$
$$+\quad\quad \times\quad\quad +\quad\quad -\quad\quad +$$
$$6 + \square + 7 + \square - 2 = D$$
$$+\quad\quad -\quad\quad -\quad\quad -\quad\quad -$$
$$\square - \square - 2 + 8 \times 7 = E$$
$$=\quad\quad =\quad\quad =\quad\quad =\quad\quad =$$
$$a\quad\quad b\quad\quad c\quad\quad d\quad\quad e$$

A = 12	a = 15
B = 15	b = -12
C = 65	c = 8
D = 16	d = 2
E = 51	e = 15

2

6	+		x	5	x		-	2	= A
-		x		+		-		x	
7	x		-		x		-		= B
-		-		-		x		+	
	x	4	x		+	5	-		= C
-		+		+		+		+	
9	x	7	x		-	9	-		= D
+		-		+		-		+	
1	+	8	-		x		-	4	= E
=		=		=		=		=	
a		b		c		d		e	

A = 49   a = -11
B = 2   b = 1
C = 23   c = 9
D = 50   d = -7
E = -31   e = 30

3

5	+	6	-	6	x	1	x	☐	=	A
x		+		+		-		+		
9	+	2	+	☐	x	☐	x	☐	=	B
-		+		x		-		-		
4	-	☐	+	1	+	☐	x	☐	=	C
x		x		-		+		-		
☐	x	☐	+	8	x	8	-	☐	=	D
x		x		+		x		-		
☐	x	☐	x	☐	x	8	+	☐	=	E
=		=		=		=		=		
a		b		c		d		e		

A =	-31	a =	-207
B =	41	b =	251
C =	2	c =	12
D =	85	d =	58
E =	4544	e =	-2

4

[2]	+	[3]	-	[ ]	-	[ ]	x	[ ]	=	A

2 + 3 - [ ] - [ ] x [ ] = A
-     x   +   +   -
[ ] x 1 + [ ] - 7 - 3 = B
+   +   +   x   x
8 x 8 x [ ] + 3 + [ ] = C
+   +   +   -   +
[ ] - [ ] - 8 x [ ] x 7 = D
x   +   x   +   -
[ ] - 7 + [ ] + 4 + [ ] = E
=   =   =   =   =
a   b   c   d   e

A =   -11   a =   45
B =   -3   b =   23
C =   140   c =   54
D =   -391   d =   23
E =   10   e =   -20

5

$$8 + \square + 9 - 1 + 1 = A$$
$$\times \quad\quad + \quad\quad \times \quad\quad - \quad\quad +$$
$$6 - \square - \square + \square + \square = B$$
$$+ \quad\quad + \quad\quad \times \quad\quad + \quad\quad +$$
$$5 \times 2 - 1 + 8 \times 5 = C$$
$$+ \quad\quad - \quad\quad - \quad\quad \times \quad\quad \times$$
$$\square - 5 + 7 + \square \times 9 = D$$
$$\times \quad\quad + \quad\quad \times \quad\quad \times \quad\quad +$$
$$\square + \square \times \square + \square \times 7 = E$$
$$= \quad\quad = \quad\quad = \quad\quad = \quad\quad =$$
$$a \quad\quad b \quad\quad c \quad\quad d \quad\quad e$$

A =	21	a =	68
B =	10	b =	11
C =	49	c =	9
D =	86	d =	425
E =	128	e =	58

6

[ ]	×	5	-	6	×	4	+	[ ]	= A

$$\boxed{} \times \boxed{5} - \boxed{6} \times \boxed{4} + \boxed{} = A$$

$$\;-\qquad\qquad +\qquad\qquad -\qquad\qquad -\qquad\qquad -$$

$$\boxed{9} + \boxed{4} \times \boxed{} \times \boxed{} + \boxed{5} = B$$

$$\;-\qquad\qquad \times\qquad\qquad -\qquad\qquad +\qquad\qquad \times$$

$$\boxed{} \times \boxed{} + \boxed{9} \times \boxed{} - \boxed{5} = C$$

$$\;\times\qquad\qquad \times\qquad\qquad -\qquad\qquad \times\qquad\qquad +$$

$$\boxed{5} \times \boxed{3} \times \boxed{} \times \boxed{7} - \boxed{} = D$$

$$\;-\qquad\qquad \times\qquad\qquad \times\qquad\qquad \times\qquad\qquad +$$

$$\boxed{8} - \boxed{2} \times \boxed{3} - \boxed{7} + \boxed{} = E$$

$$\;=\qquad\qquad =\qquad\qquad =\qquad\qquad =\qquad\qquad =$$

$$a\qquad\qquad b\qquad\qquad c\qquad\qquad d\qquad\qquad e$$

A =	10	a =	-47
B =	46	b =	197
C =	96	c =	-31
D =	837	d =	247
E =	3	e =	-5

$$\boxed{} - \boxed{2} \times \boxed{} \times \boxed{} \times \boxed{} = A$$

x	+	x	+	+

$$\boxed{1} + \boxed{3} + \boxed{7} \times \boxed{} \times \boxed{6} = B$$

x	-	+	x	x

$$\boxed{} \times \boxed{7} + \boxed{8} \times \boxed{} - \boxed{} = C$$

x	x	+	-	x

$$\boxed{} + \boxed{} + \boxed{7} + \boxed{4} + \boxed{8} = D$$

+	x	+	+	-

$$\boxed{} \times \boxed{} - \boxed{4} \times \boxed{3} - \boxed{7} = E$$

=	=	=	=	=
a	**b**	**c**	**d**	**e**

A =	-30	a =	57
B =	172	b =	-240
C =	57	c =	33
D =	27	d =	4
E =	44	e =	337

8

8	+	4	+		+		x		= A
x		-		x		-		+	
	-		-	9	-	1	x	2	= B
-		x		+		+		+	
	+	7	+		+	7	-	2	= C
-		-		-		-		+	
2	+		x		-	2	x		= D
+		+		x		+		+	
9	x	7	+		+	5	-		= E
=		=		=		=		=	
a		b		c		d		e	

A =   56   a =   54
B =   -10   b =   -30
C =   22   c =   45
D =   26   d =   18
E =   67   e =   21

$$\square + \square \times 8 + \square - 9 = A$$

$\times \quad - \quad + \quad + \quad +$

$$9 \times \square \times \square + 7 + 4 = B$$

$+ \quad + \quad + \quad \times \quad -$

$$5 \times \square - 1 + 8 + 4 = C$$

$- \quad \times \quad + \quad \times \quad +$

$$3 \times 3 - \square + 2 - 2 = D$$

$\times \quad - \quad + \quad - \quad -$

$$\square - \square - \square \times 5 + \square = E$$

$= \quad = \quad = \quad = \quad =$

$$a \quad b \quad c \quad d \quad e$$

A =	62	a =	50
B =	137	b =	24
C =	51	c =	25
D =	3	d =	115
E =	-10	e =	7

10

☐	x	7	+	1	-	6	+	☐	= A
x		x		x		-		x	
☐	x	☐	+	8	x	☐	x	4	= B
+		-		+		x		x	
☐	-	8	-	☐	x	3	x	☐	= C
+		+		-		+		x	
☐	x	☐	+	☐	-	6	-	2	= D
x		x		x		-		+	
☐	-	5	-	☐	+	1	x	6	= E
=		=		=		=		=	
a		b		c		d		e	

A =	24	a =	62
B =	296	b =	39
C =	-17	c =	0
D =	66	d =	-16
E =	-2	e =	14

11

☐	− ☐	+ ☐	+ 5	× 6	= A
×	+	−	−	×	
6	+ 1	− ☐	× 8	× ☐	= B
+	+	×	−	−	
5	− 9	+ 7	+ ☐	+ ☐	= C
+	−	−	×	×	
☐	× ☐	− ☐	× 9	+ 1	= D
+	+	−	+	×	
☐	+ 6	− 7	× 1	+ 9	= E
=	=	=	=	=	
a	b	c	d	e	

A = 39   a = 43
B = −113 b = 17
C = 14   c = −41
D = −55 d = −83
E = 12   e = 0

12

$$8 + \square - \square + 8 \times 6 = A$$

+   x   +   x   +

$$4 \times 3 + \square - 8 \times 8 = B$$

-     +   +   -   +

$$\square \times \square + \square + \square - \square = C$$

x   x   -   -   x

$$\square + 7 - 5 - \square \times 6 = D$$

+   -   -   x   +

$$7 - 1 + \square \times 5 \times 5 = E$$

=   =   =   =   =

a   b   c   d   e

A =	49	a =	5
B =	-50	b =	37
C =	8	c =	2
D =	-15	d =	41
E =	131	e =	61

13

1	x	1	-	☐	+	☐	+	6	=	A

1 x 1 - ☐ + ☐ + 6 = A

\+   x   -   -   x

6 - ☐ x 1 - 3 x ☐ = B

\-   -   +   x   +

3 + 8 - ☐ x 4 + ☐ = C

\-   x   -   +   +

5 x 5 x 4 x 4 - ☐ = D

\+   x   +   x   x

☐ x ☐ - 9 x 8 x 9 = E

=   =   =   =   =

a   b   c   d   e

A =	6	a =	4
B =	-18	b =	-271
C =	-9	c =	14
D =	394	d =	23
E =	-613	e =	88

14

7	- 9	x 7	+ 4	x ☐	= A
-	x	x	+	x	
8	+ 1	x 3	- ☐	+ ☐	= B
x	x	-	+	+	
☐	- ☐	- 2	+ 2	x 2	= C
+	+	x	-	x	
☐	x 3	+ ☐	x ☐	- ☐	= D
-	+	x	+	+	
☐	x 8	+ 2	x ☐	- ☐	= E
=	=	=	=	=	
a	b	c	d	e	

A =	-52		a =	-54
B =	9		b =	29
C =	7		c =	13
D =	10		d =	10
E =	53		e =	23

15

9	-	3	-		x		x		=	A
+		-		+		-		+		
5	+	9	+	5	+	5	+	5	=	B
+		-		x		x		-		
2	x	3	x		+		-	2	=	C
x		x		-		-		x		
5	x	5	x	8	-		-		=	D
-		-		+		x		+		
	+	9	-		x		-		=	E
=		=		=		=		=		
a		b		c		d		e		

A =   -36   a =   23
B =   29   b =   -30
C =   30   c =   18
D =   184   d =   -73
E =   -24   e =   4

16

| | + | | x | 1 | - | 7 | + | | = | A |

x + - + +

| 3 | - | | + | 2 | + | 3 | - | 3 | = | B |

- x + - x

| 6 | - | | - | | + | 8 | + | 7 | = | C |

- + x - +

| 9 | x | 2 | x | | - | | + | | = | D |

- - + + x

| 9 | + | 4 | x | 9 | + | 2 | - | 8 | = | E |

= = = = =

a   b   c   d   e

A = 7   a = -9
B = -3   b = 71
C = 5   c = 15
D = 24   d = 3
E = 39   e = 85

$$\square \times \square - 7 + 8 - 9 = A$$

$$-\qquad \times \qquad \times \qquad \times \qquad \times$$

$$\square + 4 + \square + 7 - \square = B$$

$$\times \qquad \times \qquad + \qquad + \qquad \times$$

$$\square - 3 + 3 - \square - 3 = C$$

$$+ \qquad - \qquad \times \qquad \times \qquad +$$

$$\square \times \square - \square \times 6 - 6 = D$$

$$- \qquad + \qquad \times \qquad - \qquad -$$

$$8 - 5 - 5 \times \square \times 7 = E$$

$$= \qquad = \qquad = \qquad = \qquad =$$

$$a \qquad b \qquad c \qquad d \qquad e$$

A =	13	a =	-34
B =	10	b =	35
C =	-6	c =	134
D =	-36	d =	104
E =	-207	e =	242

4	×	1	-	☐	×	☐	+	☐	=	A
-		×		×		-		+		
☐	×	3	+	☐	+	☐	-	☐	=	B
×		×		+		-		-		
9	+	☐	+	☐	×	3	-	☐	=	C
+		×		-		-		+		
☐	×	☐	+	☐	×	☐	+	☐	=	D
-		-		+		×		-		
☐	+	☐	×	6	-	8	-	☐	=	E
=		=		=		=		=		
a		b		c		d		e		

A = -16   a = -56

B = 18   b = 8

C = 29   c = 42

D = 80   d = -74

E = 10   e = 9

9	x		x	5	-	2	x	8	=	A
x		+		x		-		-		
	x	3	+	9	+		-		=	B
x		x		+		+		-		
	+		+	3	+	3	-		=	C
x		+		+		x		x		
3	+	3	+		+	8	-		=	D
-		x		-		-		x		
	x	4	+	9	+		-		=	E
=		=		=		=		=		
a		b		c		d		e		

A =	344	a =	261
B =	16	b =	29
C =	7	c =	45
D =	19	d =	12
E =	45	e =	-35

20

```
□ × □ + □ × □ + □ = A
x       +       +       -       x
□ + □ + □ + □ × □ = B
+       -       -       x       -
6 + □ × 2 - 5 × 7 = C
-       +       +       -       +
5 + □ + □ - □ × 3 = D
-       x       +       +       x
4 × 9 × □ + 3 + □ = E
=       =       =       =       =
a       b       c       d       e
```

A = 93   a = 78
B = 47   b = 47
C = -17   c = 15
D = -7   d = -37
E = 261   e = 35

6	+ 3	+ [ ]	- [ ]	x [ ]	=	A
x	+	x	-	-		
[ ]	- 9	- 7 x	5 x	6	=	B
-	x	-	-	-		
[ ]	+ 4 x	[ ] -	5 -	[ ]	=	C
-	+	-	x	+		
[ ]	+ 3 x	[ ] -	[ ] -	[ ]	=	D
-	-	-	-	x		
[ ]	- [ ] x	[ ] -	5 +	1	=	E
=	=	=	=	=		
a	b	c	d	e		

A = -3   a = 36
B = -211   b = 34
C = -6   c = 25
D = 16   d = -53
E = -52   e = 0

22

$$5 - \square + \square - 3 - 5 = A$$

$-\quad\quad -\quad\quad \times\quad\quad \times\quad\quad +$

$$\square \times \square - \square \times 2 \times \square = B$$

$+\quad\quad \times\quad\quad \times\quad\quad -\quad\quad \times$

$$5 \times 2 - \square + \square \times \square = C$$

$\times\quad\quad -\quad\quad +\quad\quad -\quad\quad +$

$$8 + 1 + \square - \square + 8 = D$$

$-\quad\quad -\quad\quad -\quad\quad +\quad\quad +$

$$5 + \square + \square - 7 + 8 = E$$

$=\quad\quad =\quad\quad =\quad\quad =\quad\quad =$

$$a \quad\quad b \quad\quad c \quad\quad d \quad\quad e$$

A =	-9	a =	37
B =	12	b =	-10
C =	9	c =	57
D =	22	d =	11
E =	15	e =	26

[ ]	x	7	+	[ ]	x	2	x	8	= A
x		x		+		+		+	
[ ]	x	[ ]	-	3	+	[ ]	+	3	= B
x		x		+		-		+	
4	x	[ ]	x	9	x	[ ]	+	4	= C
-		x		+		x		+	
[ ]	x	[ ]	+	9	+	[ ]	x	4	= D
+		-		-		x		x	
[ ]	-	2	+	9	+	[ ]	x	[ ]	= E
=		=		=		=		=	
a		**b**		**c**		**d**		**e**	

A = 72   a = 164
B = 44   b = 2518
C = 364 c = 13
D = 34   d = -50
E = 61   e = 43

1	-		+	1	-		+		=	A
+		+		+		+		x		
	x	1	x	5	x	4	+		=	B
-		+		-		+		-		
4	x	1	-	6	+	9	-		=	C
+		-		x		-		x		
	-		+		-	7	+	6	=	D
-		+		+		x		-		
	x		+		x	6	-	9	=	E
=		=		=		=		=		
a		b		c		d		e		

A = -10   a = 9

B = 163   b = 12

C = 1   c = -39

D = 13   d = -24

E = 34   e = -42

25

□	+	3	x	2	-	□	-	7	=	A
x		+		+		-		x		
□	-	3	+	□	-	1	+	□	=	B
x		x		-		-		+		
2	x	□	-	□	-	□	+	1	=	C
+		x		+		x		+		
9	-	2	+	□	+	1	+	□	=	D
x		-		+		-		x		
□	-	6	+	□	+	2	x	8	=	E
=		=		=		=		=		
a		b		c		d		e		

A = -2   a = 68
B = 6   b = 45
C = 8   c = 10
D = 15   d = 1
E = 23   e = 73

26

☐	x	2	x 9	+ ☐	- 8 = **A**

$$\square \times 2 \times 9 + \square - 8 = A$$

$$-\quad\quad-\quad\quad\times\quad\quad\times\quad\quad-$$

$$\square \times \square + \square \times 2 + 9 = B$$

$$\times\quad\quad+\quad\quad\times\quad\quad+\quad\quad-$$

$$\square \times \square - 6 \times \square \times 9 = C$$

$$\times\quad\quad\times\quad\quad-\quad\quad-\quad\quad+$$

$$\square + \square - 8 \times \square \times 5 = D$$

$$\times\quad\quad-\quad\quad\times\quad\quad\times\quad\quad\times$$

$$1 - 1 - 4 \times \square + 7 = E$$

$$=\quad\quad=\quad\quad=\quad\quad=\quad\quad=$$

$$a\quad\quad b\quad\quad c\quad\quad d\quad\quad e$$

A =	122	a =	-65
B =	41	b =	32
C =	-402	c =	346
D =	-186	d =	11
E =	3	e =	25

2	+	7	-		+	9	+		=	A
+		x		+		+		-		
8	+	9	x		+		+	3	=	B
+		-		+		+		-		
7	x		-		+	7	x		=	C
+		-		+		-		-		
	-	4	+	9	+	1	+	1	=	D
+		-		-		-		-		
	-	7	+	9	+	7	x	2	=	E
=		=		=		=		=		
a		b		c		d		e		

A =	14		a =	24
B =	50		b =	49
C =	69		c =	19
D =	13		d =	11
E =	17		e =	-11

5	×	$\square$ − $\square$ + $\square$ −	4	=	A
×		+ × +	×		
$\square$	−	9 − 2 × $\square$ ×	7	=	B
−		+ × +	×		
$\square$	+	$\square$ + $\square$ × $\square$ +	6	=	C
×		× − −	×		
8	×	9 + $\square$ × $\square$ +	$\square$	=	D
+		+ − ×	×		
$\square$	×	4 × 4 − $\square$ −	$\square$	=	E
=	=	= =	=		
a	b	c d	e		

A =	6		a =	10
B =	-117		b =	69
C =	35		c =	-4
D =	124		d =	0
E =	89		e =	3360

☐ ×	☐ ×	3 +	9 −	☐ =	A
+	+	−	−	−	
☐ +	☐ +	5 −	4 +	9 =	B
+	×	+	+	×	
☐ +	3 +	8 +	3 +	3 =	C
×	×	×	×	×	
4 +	5 +	☐ ×	5 ×	☐ =	D
−	+	×	−	+	
1 ×	☐ −	1 ×	☐ ×	3 =	E
=	=	=	=	=	
a	b	c	d	e	

A =	57	a =	20
B =	23	b =	94
C =	19	c =	70
D =	414	d =	12
E =	-23	e =	-234

□	-	4	+	6	-	1	x	4	=	A
-		+		x		x		x		
□	-	□	+	□	+	□	-	7	=	B
-		+		-		x		+		
□	x	8	x	□	-	□	-	3	=	C
x		+		x		+		-		
2	x	2	x	□	+	□	x	4	=	D
x		+		x		-		-		
4	+	□	x	3	x	6	x	□	=	E
=		=		=		=		=		
a		b		c		d		e		

A =	7	a =	-38
B =	5	b =	25
C =	311	c =	-18
D =	16	d =	51
E =	544	e =	22

31

6	- 4	x 5	x 8	- 3	= A
-	+	-	-	-	
2	+ 5	- ☐	- 3	+ 4	= B
+	-	-	-	+	
☐	x 9	x 8	- 7	x 9	= C
+	+	x	+	x	
☐	+ ☐	x ☐	- ☐	- ☐	= D
-	+	x	x	+	
7	- 9	- 5	- ☐	- 3	= E
=	=	=	=	=	
a	b	c	d	e	

A =	-157	a =	8
B =	7	b =	17
C =	369	c =	-356
D =	64	d =	6
E =	-11	e =	47

▢ ×	5 −	▢ −	▢ +	9 =	A
+	−	×	+	×	
6 +	▢ −	4 ×	7 −	7 =	B
+	+	−	×	−	
3 ×	2 +	9 ×	▢ ×	6 =	C
+	×	−	−	+	
5 +	5 −	▢ ×	6 −	▢ =	D
×	+	×	+	×	
8 ×	▢ +	3 +	▢ +	▢ =	E
=	=	=	=	=	
a	b	c	d	e	

A = 23   a = 53
B = -23   b = 10
C = 114   c = -11
D = -6   d = 14
E = 17   e = 77

$$5 + \square \times \square + \square \times 2 = A$$

+   +   +   +   +

$$\square \times 7 + \square \times \square \times \square = B$$

+   +   −   +   −

$$\square - 8 - 4 \times \square - \square = C$$

×   ×   ×   +   ×

$$1 \times 6 - 7 - 3 \times \square = D$$

−   +   ×   ×   −

$$9 \times \square \times \square + 8 - 6 = E$$

=   =   =   =   =

a   b   c   d   e

A =	30	a =	11
B =	119	b =	64
C =	-16	c =	-14
D =	-25	d =	40
E =	74	e =	-18

34

5	+	□	+	□	x	3	+	2	=	A
-		+		x		-		-		
1	x	□	x	6	x	7	x	8	=	B
-		-		x		+		+		
4	+	8	x	□	x	□	+	8	=	C
x		-		+		x		+		
□	+	3	+	4	+	9	x	□	=	D
x		x		+		-		-		
□	+	□	+	4	-	□	x	1	=	E
=		=		=		=		=		
a		b		c		d		e		

A = 17   a = -248
B = 336   b = -18
C = 172   c = 56
D = 97   d = 35
E = 10   e = 10

$$8 \times \square + \square + 9 + 6 = A$$
$$-\quad\quad \times \quad\quad -\quad\quad -\quad\quad -$$
$$5 + \square + \square + \square \times 6 = B$$
$$+\quad\quad \times \quad\quad \times \quad\quad -\quad\quad +$$
$$\square + 1 \times 5 + 6 + 6 = C$$
$$+\quad\quad \times \quad\quad \times \quad\quad -\quad\quad \times$$
$$3 - \square + 3 - 7 + \square = D$$
$$+\quad\quad \times \quad\quad -\quad\quad +\quad\quad \times$$
$$\square - \square + \square \times 9 \times \square = E$$
$$=\quad\quad =\quad\quad =\quad\quad =\quad\quad =$$
$$a \quad\quad b \quad\quad c \quad\quad d \quad\quad e$$

A =	72	a =	17
B =	57	b =	1176
C =	24	c =	-123
D =	-1	d =	-1
E =	105	e =	54

4	- 9	- 6	x ☐	- 8	= A
+	-	+	-	x	
☐	x 8	x 5	+ ☐	x ☐	= B
+	+	x	x	+	
☐	x ☐	x 2	- ☐	x 3	= C
+	+	x	+	-	
8	- 9	- 5	- ☐	+ 5	= D
x	x	-	x	+	
2	- ☐	x ☐	x ☐	x ☐	= E
=	=	=	=	=	
a	b	c	d	e	

A =	-31		a =	29
B =	329		b =	71
C =	-7		c =	53
D =	-2		d =	-12
E =	-250		e =	24

5	- ☐	+ ☐	- 9	+ 7	= A
+	x	+	x	x	
☐	+ 9	+ 9	+ ☐	+ ☐	= B
+	x	+	-	+	
☐	- ☐	x ☐	- ☐	x 4	= C
-	+	x	-	-	
☐	x 9	- 7	- 1	+ 8	= D
x	-	+	+	-	
☐	- ☐	x ☐	x 3	+ ☐	= E
=	=	=	=	=	
a	b	c	d	e	

A =	3	a =	11
B =	36	b =	52
C =	-22	c =	37
D =	18	d =	77
E =	-48	e =	13

8	+	☐	x	☐	+	3	-	☐	=	**A**
-		-		-		-		-		
6	x	6	x	☐	-	☐	+	☐	=	**B**
-		+		x		x		+		
8	-	☐	x	☐	-	3	-	3	=	**C**
x		x		x		x		x		
☐	+	☐	+	1	+	4	+	☐	=	**D**
+		x		x		+		x		
☐	+	☐	+	4	-	7	+	6	=	**E**
=		=		=		=		=		
a		**b**		**c**		**d**		**e**		

A =	20		a =	-66
B =	250		b =	254
C =	-30		c =	-108
D =	25		d =	-74
E =	15		e =	128

2	+	☐	-	☐	+	☐	x	☐	=	A
x		+		-		x		x		
5	x	6	+	☐	+	☐	x	6	=	B
-		+		+		+		+		
☐	+	4	-	7	-	8	-	☐	=	C
x		x		x		+		x		
☐	-	☐	-	☐	-	4	+	☐	=	D
+		-		x		-		+		
☐	x	☐	-	2	+	9	x	☐	=	E
=		=		=		=		=		
a		b		c		d		e		

A =   22   a =   8
B =   84   b =   27
C =   -19   c =   87
D =   0   d =   59
E =   27   e =   106

40

$$\square \; + \; \boxed{2} \; \times \; \square \; + \; \square \; - \; \square \; = \; A$$

$\times \qquad - \qquad + \qquad - \qquad -$

$$\boxed{3} \; + \; \square \; + \; \boxed{8} \; - \; \square \; \times \; \boxed{5} \; = \; B$$

$- \qquad + \qquad \times \qquad \times \qquad -$

$$\boxed{3} \; \times \; \boxed{3} \; - \; \boxed{7} \; - \; \boxed{3} \; - \; \boxed{4} \; = \; C$$

$- \qquad + \qquad \times \qquad - \qquad -$

$$\square \; \times \; \square \; \times \; \square \; + \; \boxed{1} \; - \; \square \; = \; D$$

$+ \qquad \times \qquad \times \qquad \times \qquad \times$

$$\square \; - \; \boxed{1} \; - \; \square \; - \; \boxed{7} \; + \; \boxed{4} \; = \; E$$

$= \qquad = \qquad = \qquad = \qquad =$

a   b   c   d   e

A =	21	a =	17
B =	2	b =	7
C =	-5	c =	2358
D =	335	d =	-11
E =	-5	e =	-14

41

2	+	8	+		+		+	1	= A

$$2 + 8 + \square + \square + 1 = A$$

$$+ \quad \times \quad - \quad + \quad -$$

$$\square - \square \times \square + \square - 3 = B$$

$$\times \quad - \quad \times \quad \times \quad -$$

$$9 + \square \times \square - \square + 3 = C$$

$$+ \quad \times \quad + \quad \times \quad +$$

$$\square - 6 + 6 - \square + \square = D$$

$$+ \quad \times \quad - \quad + \quad +$$

$$9 \times 4 + 6 - \square \times 5 = E$$

$$= \quad = \quad = \quad = \quad =$$

$$a \qquad b \qquad c \qquad d \qquad e$$

A =	21	a =	95
B =	5	b =	-8
C =	10	c =	-12
D =	0	d =	196
E =	-3	e =	1

[ ]	+	[ ] x 4 x 9 + 7	=	A
+		-	x	-	-

Grid puzzle:

Row A: [ ] + [ ] x 4 x 9 + 7 = A
  +   -   x   -   -

Row B: [ ] - [ ] - 5 x 7 x 4 = B
  +   -   -   x   x

Row C: 1 - 7 x 9 + [ ] x [ ] = C
  x   +   +   +   -

Row D: 6 + [ ] - 4 + 1 + [ ] = D
  -     -   x   +   +

Row E: [ ] x 3 - [ ] + 1 - 8 = E
  =   =   =   =   =

  a   b   c   d   e

A =	333	a =	6
B =	-134	b =	7
C =	-32	c =	47
D =	19	d =	-24
E =	11	e =	-16

43

1	+	☐	-	☐	+	4	+	1	=	A
x		+		+		+		+		
7	x	☐	-	☐	+	☐	x	☐	=	B
+		+		-		+		x		
5	+	☐	x	7	-	4	+	6	=	C
-		x		-		+		x		
4	+	☐	x	5	x	1	x	☐	=	D
+		+		x		x		x		
2	-	1	+	☐	x	8	x	☐	=	E
=		=		=		=		=		
a		b		c		d		e		

A =	2	a =	10
B =	71	b =	17
C =	63	c =	-17
D =	39	d =	25
E =	225	e =	883

44

□	x	2	+ 6	- 3	+ 9	= A
-		-	-	x	x	
8	+	□	x □	- 6	+ □	= B
x		-	+	x	-	
1	-	8	- □	- □	x □	= C
x		x	+	-	-	
9	-	6	+ □	+ □	x □	= D
-		+	+	-	-	
□	+	□	+ □	x □	x 3	= E
=		=	=	=	=	
a		b	c	d	e	

A =   14   a =   -78
B =   9   b =   -42
C =   -70   c =   22
D =   8   d =   156
E =   73   e =   35

45

☐ ×	☐ ×	☐ +	5 +	☐ =	**A**
×	+	×	−	+	
☐ ×	4 +	5 +	1 ×	6 =	**B**
−	+	−	−	×	
☐ ×	8 ×	2 ×	9 −	☐ =	**C**
+	×	+	−	×	
☐ +	☐ ×	☐ +	☐ +	☐ =	**D**
+	×	−	+	×	
9 −	☐ +	☐ ×	8 +	☐ =	**E**
=	=	=	=	=	
a	**b**	**c**	**d**	**e**	

A =	62	a =	74
B =	39	b =	402
C =	571	c =	0
D =	36	d =	−5
E =	54	e =	123

[ ]	+	4	+	[ ]	x [ ] + 5 =	A
x		x		+	- +	
[ ]	-	9	-	[ ]	x [ ] x [ ] =	B
+		-		x	+ x	
6	-	[ ]	+	[ ]	x [ ] + [ ] =	C
+		+		x	- x	
6	+	8	x	4	+ [ ] + [ ] =	D
+		+		x	- +	
[ ]	x	4	+	5	x [ ] - [ ] =	E
=		=		=	= =	
a		b		c	d e	

A =	20		a =	45
B =	-108		b =	43
C =	29		c =	728
D =	45		d =	-4
E =	25		e =	46

□	x	□	+	4	+	□	+	□	=	A
+		+		x		+		x		
□	x	□	-	□	x	4	x	□	=	B
+		x		x		-		-		
□	x	7	x	7	-	□	-	1	=	C
x		-		+		+		-		
□	-	□	x	□	-	□	-	□	=	D
-		-		+		-		-		
□	-	7	x	□	-	7	-	7	=	E
=		=		=		=		=		
a		b		c		d		e		

A =   53   a =   14

B =   -100   b =   28

C =   88   c =   153

D =   -72   d =   -4

E =   -34   e =   13

48

6	x 7	x 2	x 7	+ 6 = **A**
+	+	-	x	-
	+ 3	+	+ 9	+ = **B**
x	x	-	-	x
2	+ 9	x 1	+	- 6 = **C**
-	-	-	+	x
1	+	x 6	+ 5	- 7 = **D**
x	x	x	-	+
	- 8	-	-	x 1 = **E**
=	=	=	=	=
a	**b**	**c**	**d**	**e**

A =	594	a =	8
B =	31	b =	-14
C =	10	c =	-55
D =	35	d =	55
E =	-20	e =	-329

[ ]	x	[ ]	x	4	-	[ ]	x	[ ]	=	A
-		+		x		-		+		
[ ]	+	9	x	2	+	8	+	[ ]	=	B
-		+		x		-		x		
4	x	[ ]	-	6	+	[ ]	x	[ ]	=	C
-		x		-		-		x		
[ ]	+	2	x	[ ]	x	[ ]	x	1	=	D
x		-		+		-		+		
3	+	1	-	[ ]	-	2	x	4	=	E
=		=		=		=		=		
a		b		c		d		e		

A = 40 a = -7

B = 33 b = 20

C = 56 c = 47

D = 51 d = -13

E = -9 e = 37

50

☐ -	5 x	☐ x	2 x	9 = **A**
x	-	+	-	+
☐ x	7 +	☐ -	☐ x	9 = **B**
-	-	+	x	x
6 +	☐ x	☐ -	7 x	☐ = **C**
+	x	-	+	x
☐ -	9 -	7 +	☐ x	☐ = **D**
-	-	x	-	+
5 x	☐ x	1 -	☐ +	☐ = **E**
=	=	=	=	=
a	**b**	**c**	**d**	**e**

A =	-85	a =	25
B =	-31	b =	-58
C =	-13	c =	0
D =	-8	d =	-65
E =	6	e =	451

1

$$4 \times 6 + 6 - 2 \times 9 = A$$
$$- \quad\quad + \quad\quad + \quad\quad + \quad\quad +$$
$$3 \times 5 + 1 \times 4 - 4 = B$$
$$+ \quad\quad - \quad\quad - \quad\quad + \quad\quad +$$
$$3 + 5 \times 4 + 6 \times 7 = C$$
$$+ \quad\quad \times \quad\quad + \quad\quad - \quad\quad +$$
$$6 + 3 + 7 + 2 - 2 = D$$
$$+ \quad\quad - \quad\quad - \quad\quad - \quad\quad -$$
$$5 - 8 - 2 + 8 \times 7 = E$$
$$= \quad\quad = \quad\quad = \quad\quad = \quad\quad =$$
$$a \quad\quad b \quad\quad c \quad\quad d \quad\quad e$$

A =	12	a =	15
B =	15	b =	-12
C =	65	c =	8
D =	16	d =	2
E =	51	e =	15

2

6	$+$ 3	$\times$ 5	$\times$ 3	$-$ 2	$=$ A
$-$	$\times$	$+$	$-$	$\times$	
7	$\times$ 2	$-$ 2	$\times$ 2	$-$ 8	$=$ B
$-$	$-$	$-$	$\times$	$+$	
2	$\times$ 4	$\times$ 3	$+$ 5	$-$ 6	$=$ C
$-$	$+$	$+$	$+$	$+$	
9	$\times$ 7	$\times$ 1	$-$ 9	$-$ 4	$=$ D
$+$	$-$	$+$	$-$	$+$	
1	$+$ 8	$-$ 4	$\times$ 9	$-$ 4	$=$ E
$=$	$=$	$=$	$=$	$=$	
a	b	c	d	e	

A = 49   a = -11

B = 2   b = 1

C = 23   c = 9

D = 50   d = -7

E = -31   e = 30

3

5	+ 6	- 6	x 1	x 7	= A
x	+	+	-	+	
9	+ 2	+ 5	x 1	x 6	= B
-	+	x	-	-	
4	- 9	+ 1	+ 6	x 1	= C
x	x	-	+	-	
9	x 3	+ 8	x 8	- 6	= D
x	x	+	x	-	
7	x 9	x 9	x 8	+ 8	= E
=	=	=	=	=	
a	b	c	d	e	

A =	-31	a =	-207
B =	41	b =	251
C =	2	c =	12
D =	85	d =	58
E =	4544	e =	-2

4

2	+ 3	- 6	- 5	x 2	= A
-	x	+	+	-	
1	x 1	+ 6	- 7	- 3	= B
+	+	+	x	x	
8	x 8	x 2	+ 3	+ 9	= C
+	+	+	-	+	
6	- 5	- 8	x 7	x 7	= D
x	+	x	+	-	
6	- 7	+ 5	+ 4	+ 2	= E
=	=	=	=	=	
a	b	c	d	e	

A =	-11	a =	45
B =	-3	b =	23
C =	140	c =	54
D =	-391	d =	23
E =	10	e =	-20

5

$$8 + 4 + 9 - 1 + 1 = A$$

$$\times \quad + \quad \times \quad - \quad +$$

$$6 - 1 - 8 + 8 + 5 = B$$

$$+ \quad + \quad \times \quad + \quad +$$

$$5 \times 2 - 1 + 8 \times 5 = C$$

$$+ \quad - \quad - \quad \times \quad \times$$

$$3 - 5 + 7 + 9 \times 9 = D$$

$$\times \quad + \quad \times \quad \times \quad +$$

$$5 + 9 \times 9 + 6 \times 7 = E$$

$$= \quad = \quad = \quad = \quad =$$

$$a \quad b \quad c \quad d \quad e$$

A =	21	a =	68
B =	10	b =	11
C =	49	c =	9
D =	86	d =	425
E =	128	e =	58

6

5	x	5	-	6	x	4	+	9	= A
-		+		-		-		-	
9	+	4	x	4	x	2	+	5	= B
-		x		-		+		x	
7	x	8	+	9	x	5	-	5	= C
x		x		-		x		+	
5	x	3	x	8	x	7	-	3	= D
-		x		x		x		+	
8	-	2	x	3	-	7	+	8	= E
=		=		=		=		=	
a		b		c		d		e	

A = 10   a = -47

B = 46   b = 197

C = 96   c = -31

D = 837   d = 247

E = 3   e = -5

2	-	2	x	2	x	1	x	8	=	A
x		+		x		+		+		
1	+	3	+	7	x	4	x	6	=	B
x		-		+		x		x		
8	x	7	+	8	x	1	-	7	=	C
x		x		+		-		x		
3	+	5	+	7	+	4	+	8	=	D
+		x		+		+		-		
9	x	7	-	4	x	3	-	7	=	E
=		=		=		=		=		
a		b		c		d		e		

A =   -30   a =   57
B =   172   b =   -240
C =   57   c =   33
D =   27   d =   4
E =   44   e =   337

8	$+$ 4	$+$ 8	$+$ 9	x 4	$=$ A
x	$-$	x	$-$	$+$	
6	$-$ 5	$-$ 9	$-$ 1	x 2	$=$ B
$-$	x	$+$	$+$	$+$	
1	$+$ 7	$+$ 9	$+$ 7	$-$ 2	$=$ C
$-$	$-$	$-$	$-$	$+$	
2	$+$ 6	x 6	$-$ 2	x 6	$=$ D
$+$	$+$	x	$+$	$+$	
9	x 7	$+$ 6	$+$ 5	$-$ 7	$=$ E
$=$	$=$	$=$	$=$	$=$	
a	b	c	d	e	

A = 56   a = 54
B = -10   b = -30
C = 22   c = 45
D = 26   d = 18
E = 67   e = 21

9

7	+	7	x	8	+	8	-	9	= A
x		-		+		+		+	
9	x	2	x	7	+	7	+	4	= B
+		+		+		x		-	
5	x	8	-	1	+	8	+	4	= C
-		x		+		x		+	
3	x	3	-	6	+	2	-	2	= D
x		-		+		-		-	
6	-	5	-	3	x	5	+	4	= E
=		=		=		=		=	
a		b		c		d		e	

A = 62   a = 50

B = 137   b = 24

C = 51   c = 25

D = 3   d = 115

E = -10   e = 7

$$4 \times 7 + 1 - 6 + 1 = A$$

$$\times \quad \times \quad \times \quad - \quad \times$$

$$8 \times 1 + 8 \times 9 \times 4 = B$$

$$+ \quad - \quad + \quad \times \quad \times$$

$$3 - 8 - 4 \times 3 \times 1 = C$$

$$+ \quad + \quad - \quad + \quad \times$$

$$9 \times 8 + 2 - 6 - 2 = D$$

$$\times \quad \times \quad \times \quad - \quad +$$

$$3 - 5 - 6 + 1 \times 6 = E$$

$$= \quad = \quad = \quad = \quad =$$

$$a \quad b \quad c \quad d \quad e$$

A =	24		a =	62
B =	296		b =	39
C =	-17		c =	0
D =	66		d =	-16
E =	-2		e =	14

11

5	- 5	+ 9	+ 5	x 6	= A
x	+	-	-	x	
6	+ 1	- 5	x 8	x 3	= B
+	+	x	-	-	
5	- 9	+ 7	+ 9	+ 2	= C
+	-	-	x	x	
4	x 4	- 8	x 9	+ 1	= D
+	+	-	+	x	
4	+ 6	- 7	x 1	+ 9	= E
=	=	=	=	=	
a	b	c	d	e	

A =	39		a =	43
B =	-113		b =	17
C =	14		c =	-41
D =	-55		d =	-83
E =	12		e =	0

12

8 +	1 -	8 +	8 x	6 =	A
+	x	+	x	+	
4 x	3 +	2 -	8 x	8 =	B
-	+	+	-	+	
2 x	5 +	2 +	3 -	7 =	C
x	x	-	-	x	
7 +	7 -	5 -	4 x	6 =	D
+	-	-	x	+	
7 -	1 +	5 x	5 x	5 =	E
=	=	=	=	=	
a	b	c	d	e	

A =	49	a =	5
B =	-50	b =	37
C =	8	c =	2
D =	-15	d =	41
E =	131	e =	61

13

$1 \times 1 - 4 + 3 + 6 = $ A

$+ \quad\quad \times \quad\quad - \quad\quad - \quad\quad \times$

$6 - 9 \times 1 - 3 \times 5 = $ B

$- \quad\quad - \quad\quad + \quad\quad \times \quad\quad +$

$3 + 8 - 6 \times 4 + 4 = $ C

$- \quad\quad \times \quad\quad - \quad\quad + \quad\quad +$

$5 \times 5 \times 4 \times 4 - 6 = $ D

$+ \quad\quad \times \quad\quad + \quad\quad \times \quad\quad \times$

$5 \times 7 - 9 \times 8 \times 9 = $ E

$= \quad\quad = \quad\quad = \quad\quad = \quad\quad =$

a $\quad\quad$ b $\quad\quad$ c $\quad\quad$ d $\quad\quad$ e

A = 6	a = 4
B = -18	b = -271
C = -9	c = 14
D = 394	d = 23
E = -613	e = 88

14

$$7 - 9 \times 7 + 4 \times 1 = A$$
$$- \quad \times \quad \times \quad + \quad \times$$
$$8 + 1 \times 3 - 8 + 6 = B$$
$$\times \quad \times \quad - \quad + \quad +$$
$$7 - 2 - 2 + 2 \times 2 = C$$
$$+ \quad + \quad \times \quad - \quad \times$$
$$2 \times 3 + 2 \times 5 - 6 = D$$
$$- \quad + \quad \times \quad + \quad +$$
$$7 \times 8 + 2 \times 1 - 5 = E$$
$$= \quad = \quad = \quad = \quad =$$
$$a \quad b \quad c \quad d \quad e$$

A =	-52	a =	-54
B =	9	b =	29
C =	7	c =	13
D =	10	d =	10
E =	53	e =	23

15

9	− 3	− 1	× 7	× 6	= A
+	−	+	−	+	
5	+ 9	+ 5	+ 5	+ 5	= B
+	−	×	×	−	
2	× 3	× 4	+ 8	− 2	= C
×	×	−	−	×	
5	× 5	× 8	− 8	− 8	= D
−	−	+	×	+	
1	+ 9	− 5	× 5	− 9	= E
=	=	=	=	=	
a	b	c	d	e	

A =	−36		a =	23
B =	29		b =	−30
C =	30		c =	18
D =	184		d =	−73
E =	−24		e =	4

5	+ 1	x 1	- 7	+ 8	= A
x	+	-	+	+
3	- 8	+ 2	+ 3	- 3	= B
-	x	+	-	x
6	- 9	- 7	+ 8	+ 7	= C
-	+	x	-	+
9	x 2	x 1	- 1	+ 7	= D
-	-	+	+	x
9	+ 4	x 9	+ 2	- 8	= E
=	=	=	=	=
a	b	c	d	e

A =	7	a =	-9
B =	-3	b =	71
C =	5	c =	15
D =	24	d =	3
E =	39	e =	85

17

7	x 3	- 7	+ 8	- 9	= A
-	x	x	x	x	
6	+ 4	+ 2	+ 7	- 9	= B
x	x	+	+	x	
6	- 3	+ 3	- 9	- 3	= C
+	-	x	x	+	
3	x 6	- 8	x 6	- 6	= D
-	+	x	-	-	
8	- 5	- 5	x 6	x 7	= E
=	=	=	=	=	
a	b	c	d	e	

A =   13   a =   -34
B =   10   b =   35
C =   -6   c =   134
D =   -36   d =   104
E =   -207   e =   242

18

4	x 1	- 9	x 3	+ 7	= A

-     x   x   -   +

7 x 3 + 4 + 2 - 9 = B

x   x   +   -   -

9 + 2 + 7 x 3 - 3 = C

+   x   -   -   +

6 x 2 + 7 x 9 + 5 = D

-     -   +   x   -

3 + 4 x 6 - 8 - 9 = E

=   =   =   =   =

a   b   c   d   e

A =	-16
B =	18
C =	29
D =	80
E =	10

a =	-56
b =	8
c =	42
d =	-74
e =	9

19

$9 \times 8 \times 5 - 2 \times 8 = $ **A**

$\times \quad\quad + \quad\quad \times \quad\quad - \quad\quad -$

$2 \times 3 + 9 + 9 - 8 = $ **B**

$\times \quad\quad \times \quad\quad + \quad\quad + \quad\quad -$

$5 + 3 + 3 + 3 - 7 = $ **C**

$\times \quad\quad + \quad\quad + \quad\quad \times \quad\quad \times$

$3 + 3 + 6 + 8 - 1 = $ **D**

$- \quad\quad \times \quad\quad - \quad\quad - \quad\quad \times$

$9 \times 4 + 9 + 5 - 5 = $ **E**

$= \quad\quad = \quad\quad = \quad\quad = \quad\quad =$

a   **b**   **c**   **d**   **e**

A =	344	a =	261
B =	16	b =	29
C =	7	c =	45
D =	19	d =	12
E =	45	e =	-35

9 × 9 + 3 × 2 + 6 = A				
×	+	+	-	×
9 + 8 + 2 + 7 × 4 = B				
+	-	-	×	-
6 + 6 × 2 - 5 × 7 = C				
-	+	+	-	+
5 + 4 + 5 - 7 × 3 = D				
-	×	+	+	×
4 × 9 × 7 + 3 + 6 = E				
=	=	=	=	=
a	b	c	d	e

A =	93		a =	78
B =	47		b =	47
C =	-17		c =	15
D =	-7		d =	-37
E =	261		e =	35

21

6	+	3	+	6	-	2	x	9	= A

$$6 + 3 + 6 - 2 \times 9 = A$$

x + x - -

$$8 - 9 - 7 \times 5 \times 6 = B$$

- x - - -

$$2 + 4 \times 1 - 5 - 7 = C$$

- + - x +

$$2 + 3 \times 9 - 9 - 4 = D$$

- - - - x

$$8 - 8 \times 7 - 5 + 1 = E$$

= = = = =

a   b   c   d   e

A =	-3		a =	36
B =	-211		b =	34
C =	-6		c =	25
D =	16		d =	-53
E =	-52		e =	0

5	- 9	+ 3	- 3	- 5	= A
-	-	x	x	+	
3	x 6	- 3	x 2	x 1	= B
+	x	x	-	x	
5	x 2	- 6	+ 1	x 5	= C
x	-	+	-	+	
8	+ 1	+ 6	- 1	+ 8	= D
-	-	-	+	+	
5	+ 6	+ 3	- 7	+ 8	= E
=	=	=	=	=	
a	b	c	d	e	

A = -9   a = 37
B = 12   b = -10
C = 9   c = 57
D = 22   d = 11
E = 15   e = 26

23

8	x	7	+	1	x	2	x	8	=	A
x		x		+		+		+		
5	x	8	-	3	+	4	+	3	=	B
x		x		+		-		+		
4	x	5	x	9	x	2	+	4	=	C
-		x		+		x		+		
1	x	9	+	9	+	4	x	4	=	D
+		-		-		x		x		
5	-	2	+	9	+	7	x	7	=	E
=		=		=		=		=		
a		b		c		d		e		

A =	72	a =	164
B =	44	b =	2518
C =	364	c =	13
D =	34	d =	-50
E =	61	e =	43

1 − 8 + 1 − 5 + 1	= A
+	+	+	+	×
8 × 1 × 5 × 4 + 3	= B
−	+	−	+	−
4 × 1 − 6 + 9 − 6	= C
+	−	×	−	×
9 − 3 + 8 − 7 + 6	= D
−	+	+	×	−
5 × 5 + 3 × 6 − 9	= E
=	=	=	=	=
a	b	c	d	e

A = −10   a = 9
B = 163   b = 12
C = 1   c = −39
D = 13   d = −24
E = 34   e = −42

7	+	3	x	2	-	8	-	7	=	A
x		+		+		-		x		
1	-	3	+	1	-	1	+	8	=	B
x		x		-		-		+		
2	x	8	-	5	-	4	+	1	=	C
+		x		+		x		+		
9	-	2	+	5	+	1	+	2	=	D
x		-		+		-		x		
6	-	6	+	7	+	2	x	8	=	E
=		=		=		=		=		
a		b		c		d		e		

A =	-2		a =	68
B =	6		b =	45
C =	8		c =	10
D =	15		d =	1
E =	23		e =	73

26

$7 \times 2 \times 9 + 4 - 8 = A$

$-\quad-\quad\times\quad\times\quad-$

$2 \times 9 + 7 \times 2 + 9 = B$

$\times\quad+\quad\times\quad+\quad-$

$6 \times 5 - 6 \times 8 \times 9 = C$

$\times\quad\times\quad-\quad-\quad+$

$6 + 8 - 8 \times 5 \times 5 = D$

$\times\quad-\quad\times\quad\times\quad\times$

$1 - 1 - 4 \times 1 + 7 = E$

$=\quad=\quad=\quad=\quad=$

a   b   c   d   e

A =	122	a =	-65
B =	41	b =	32
C =	-402	c =	346
D =	-186	d =	11
E =	3	e =	25

2	+	7	-	7	+	9	+	3	=	A

$$2 + 7 - 7 + 9 + 3 = A$$
$$+ \quad \times \quad + \quad + \quad -$$
$$8 + 9 \times 4 + 3 + 3 = B$$
$$+ \quad - \quad + \quad + \quad -$$
$$7 \times 3 - 8 + 7 \times 8 = C$$
$$+ \quad - \quad + \quad - \quad -$$
$$6 - 4 + 9 + 1 + 1 = D$$
$$+ \quad - \quad - \quad - \quad -$$
$$1 - 7 + 9 + 7 \times 2 = E$$
$$= \quad = \quad = \quad = \quad =$$
$$a \quad b \quad c \quad d \quad e$$

A =	14	a =	24
B =	50	b =	49
C =	69	c =	19
D =	13	d =	11
E =	17	e =	-11

28

$$5 \times 2 - 1 + 1 - 4 = A$$

$\times \quad\quad + \quad\quad \times \quad\quad + \quad\quad \times$

$$4 - 9 - 2 \times 8 \times 7 = B$$

$- \quad\quad + \quad\quad \times \quad\quad + \quad\quad \times$

$$2 + 6 + 3 \times 7 + 6 = C$$

$\times \quad\quad \times \quad\quad - \quad\quad - \quad\quad \times$

$$8 \times 9 + 6 \times 8 + 4 = D$$

$+ \quad\quad + \quad\quad - \quad\quad \times \quad\quad \times$

$$6 \times 4 \times 4 - 2 - 5 = E$$

$= \quad\quad = \quad\quad = \quad\quad = \quad\quad =$

a   b   c   d   e

A =	6	a =	10
B =	-117	b =	69
C =	35	c =	-4
D =	124	d =	0
E =	89	e =	3360

6	x	3	x	3	+	9	-	6	=	A
+		+		-		-		-		
7	+	6	+	5	-	4	+	9	=	B
+		x		+		+		x		
2	+	3	+	8	+	3	+	3	=	C
x		x		x		x		x		
4	+	5	+	9	x	5	x	9	=	D
-		+		x		-		+		
1	x	1	-	1	x	8	x	3	=	E
=		=		=		=		=		
a		b		c		d		e		

A =	57		a =	20
B =	23		b =	94
C =	19		c =	70
D =	414		d =	12
E =	-23		e =	-234

9 -	4 +	6 -	1 ×	4 = A
-	+	×	×	×
7 -	5 +	1 +	9 -	7 = B
-	+	-	×	+
5 ×	8 ×	8 -	6 -	3 = C
×	+	×	+	-
2 ×	2 ×	1 +	3 ×	4 = D
×	+	×	-	-
4 +	6 ×	3 ×	6 ×	5 = E
=	=	=	=	=
a	b	c	d	e

A =   7   a =   -38
B =   5   b =   25
C =   311   c =   -18
D =   16   d =   51
E =   544   e =   22

31

6	-	4	x	5	x	8	-	3	=	A
-		+		-		-		-		
2	+	5	-	1	-	3	+	4	=	B
+		-		-		-		+		
6	x	9	x	8	-	7	x	9	=	C
+		+		x		+		x		
5	+	8	x	9	-	8	-	5	=	D
-		+		x		x		+		
7	-	9	-	5	-	1	-	3	=	E
=		=		=		=		=		
a		b		c		d		e		

A = -157   a =   8
B = 7   b =   17
C = 369   c =   -356
D = 64   d =   6
E = -11   e =   47

$$4 \times 5 - 1 - 5 + 9 = A$$

$$+ \quad - \quad \times \quad + \quad \times$$

$$6 + 6 - 4 \times 7 - 7 = B$$

$$+ \quad + \quad - \quad \times \quad -$$

$$3 \times 2 + 9 \times 2 \times 6 = C$$

$$+ \quad \times \quad - \quad - \quad +$$

$$5 + 5 - 2 \times 6 - 4 = D$$

$$\times \quad + \quad \times \quad + \quad \times$$

$$8 \times 1 + 3 + 1 + 5 = E$$

$$= \quad = \quad = \quad = \quad =$$

$$a \quad b \quad c \quad d \quad e$$

A =	23	a =	53
B =	-23	b =	10
C =	114	c =	-11
D =	-6	d =	14
E =	17	e =	77

5	+	1	x	7	+	9	x	2	=	A
+		+		+		+		+		
9	x	7	+	7	x	4	x	2	=	B
+		+		-		+		-		
6	-	8	-	4	x	3	-	2	=	C
x		x		x		+		x		
1	x	6	-	7	-	3	x	8	=	D
-		+		x		x		-		
9	x	8	x	1	+	8	-	6	=	E
=		=		=		=		=		
a		b		c		d		e		

A =	30		a =	11
B =	119		b =	64
C =	-16		c =	-14
D =	-25		d =	40
E =	74		e =	-18

5	+	4	+	2	x	3	+	2	=	A
-		+		x		-		-		
1	x	1	x	6	x	7	x	8	=	B
-		-		x		+		+		
4	+	8	x	4	x	5	+	8	=	C
x		-		+		x		+		
9	+	3	+	4	+	9	x	9	=	D
x		x		+		-		-		
7	+	5	+	4	-	6	x	1	=	E
=		=		=		=		=		
a		b		c		d		e		

A =	17	a =	-248
B =	336	b =	-18
C =	172	c =	56
D =	97	d =	35
E =	10	e =	10

35

8	x	7	+ 1	+ 9	+ 6	= A
-		x	-	-	-	
5	+	8	+ 8	+ 6	x 6	= B
+		x	x	-	+	
7	+	1	x 5	+ 6	+ 6	= C
+		x	x	-	x	
3	-	3	+ 3	- 7	+ 3	= D
+		x	-	+	x	
4	-	7	+ 4	x 9	x 3	= E
=		=	=	=	=	
a		b	c	d	e	

A =   72   a =   17
B =   57   b =   1176
C =   24   c =   -123
D =   -1   d =   -1
E =   105   e =   54

36

4	-	9	-	6	x	3	-	8	= A
+		-		+		-		x	
8	x	8	x	5	+	3	x	3	= B
+		+		x		x		+	
1	x	7	x	2	-	7	x	3	= C
+		+		x		+		-	
8	-	9	-	5	-	1	+	5	= D
x		x		-		x		+	
2	-	7	x	3	x	6	x	2	= E
=		=		=		=		=	
a		b		c		d		e	

A =	-31	a =	29
B =	329	b =	71
C =	-7	c =	53
D =	-2	d =	-12
E =	-250	e =	24

5	- 5	+ 5	- 9	+ 7	= A
+	x	+	x	x	
6	+ 9	+ 9	+ 9	+ 3	= B
+	x	+	-	+	
4	- 1	x 2	- 6	x 4	= C
-	+	x	-	-	
2	x 9	- 7	- 1	+ 8	= D
x	-	+	+	-	
2	- 2	x 9	x 3	+ 4	= E
=	=	=	=	=	
a	b	c	d	e	

A =	3		a =	11
B =	36		b =	52
C =	-22		c =	37
D =	18		d =	77
E =	-48		e =	13

38

8	+ 4	x 4	+ 3	- 7	= A
-	-	-	-	-	
6	x 6	x 7	- 7	+ 5	= B
-	+	x	x	+	
8	- 8	x 4	- 3	- 3	= C
x	x	x	x	x	
9	+ 4	+ 1	+ 4	+ 7	= D
+	x	x	+	x	
4	+ 8	+ 4	- 7	+ 6	= E
=	=	=	=	=	
a	b	c	d	e	

A =	20		a =	-66
B =	250		b =	254
C =	-30		c =	-108
D =	25		d =	-74
E =	15		e =	128

2	+	1	-	9	+	7	x	4	=	A
x		+		-		x		x		
5	x	6	+	6	+	8	x	6	=	B
-		+		+		+		+		
1	+	4	-	7	-	8	-	9	=	C
x		x		x		+		x		
7	-	6	-	6	-	4	+	9	=	D
+		-		x		-		+		
5	x	4	-	2	+	9	x	1	=	E
=		=		=		=		=		
a		b		c		d		e		

A = 22 a = 8

B = 84 b = 27

C = -19 c = 87

D = 0 d = 59

E = 27 e = 106

40

$$7 + 2 \times 6 + 5 - 3 = A$$

$\times$ $-$ $+$ $-$ $-$

$$3 + 6 + 8 - 3 \times 5 = B$$

$-$ $+$ $\times$ $\times$ $-$

$$3 \times 3 - 7 - 3 - 4 = C$$

$-$ $+$ $\times$ $-$ $-$

$$7 \times 8 \times 6 + 1 - 2 = D$$

$+$ $\times$ $\times$ $\times$ $\times$

$$6 - 1 - 7 - 7 + 4 = E$$

$=$ $=$ $=$ $=$ $=$

a   b   c   d   e

A =	21	a =	17
B =	2	b =	7
C =	-5	c =	2358
D =	335	d =	-11
E =	-5	e =	-14

41

2	+	8	+	3	+	7	+	1	=	A
+		x		-		+		-		
9	-	2	x	5	+	9	-	3	=	B
x		-		x		x		-		
9	+	1	x	3	-	5	+	3	=	C
+		x		+		x		+		
3	-	6	+	6	-	4	+	1	=	D
+		x		-		+		+		
9	x	4	+	6	-	9	x	5	=	E
=		=		=		=		=		
a		b		c		d		e		

A = 21   a = 95

B = 5   b = -8

C = 10   c = -12

D = 0   d = 196

E = -3   e = 1

42

$\boxed{2}$ + $\boxed{9}$ x $\boxed{4}$ x $\boxed{9}$ + $\boxed{7}$ =	**A**
+	-	x	-	-	
$\boxed{7}$ - $\boxed{1}$ - $\boxed{5}$ x $\boxed{7}$ x $\boxed{4}$ =	**B**
+	-	-	x	x	
$\boxed{1}$ - $\boxed{7}$ x $\boxed{9}$ + $\boxed{5}$ x $\boxed{6}$ =	**C**
x	+	+	+	-	
$\boxed{6}$ + $\boxed{9}$ - $\boxed{4}$ + $\boxed{1}$ + $\boxed{7}$ =	**D**
-	-	x	+	+	
$\boxed{9}$ x $\boxed{3}$ - $\boxed{9}$ + $\boxed{1}$ - $\boxed{8}$ =	**E**
=	=	=	=	=	
a	**b**	**c**	**d**	**e**	

A = 333   a = 6
B = -134   b = 7
C = -32   c = 47
D = 19   d = -24
E = 11   e = -16

43

$$1 + 1 - 5 + 4 + 1 = A$$
$$\times \quad + \quad + \quad + \quad +$$
$$7 \times 7 - 5 + 9 \times 3 = B$$
$$+ \quad + \quad - \quad + \quad \times$$
$$5 + 8 \times 7 - 4 + 6 = C$$
$$- \quad \times \quad - \quad + \quad \times$$
$$4 + 1 \times 5 \times 1 \times 7 = D$$
$$+ \quad + \quad \times \quad \times \quad \times$$
$$2 - 1 + 4 \times 8 \times 7 = E$$
$$= \quad = \quad = \quad = \quad =$$
$$a \quad b \quad c \quad d \quad e$$

A =	2		a =	10
B =	71		b =	17
C =	63		c =	-17
D =	39		d =	25
E =	225		e =	883

1	x 2	+ 6	- 3	+ 9	= A
-	-	-	x	x	
8	+ 2	x 1	- 6	+ 5	= B
x	-	+	x	-	
1	- 8	- 9	- 9	x 6	= C
x	x	+	-	-	
9	- 6	+ 4	+ 1	x 1	= D
-	+	+	-	-	
7	+ 6	+ 4	x 5	x 3	= E
=	=	=	=	=	
a	b	c	d	e	

A =   14   a =   -78

B =   9   b =   -42

C =   -70   c =   22

D =   8   d =   156

E =   73   e =   35

45

9	x	6	x	1	+	5	+	3	=	A
x		+		x		-		+		
7	x	4	+	5	+	1	x	6	=	B
-		+		-		-		x		
4	x	8	x	2	x	9	-	5	=	C
+		x		+		-		x		
6	+	7	x	3	+	8	+	1	=	D
+		x		-		+		x		
9	-	7	+	6	x	8	+	4	=	E
=		=		=		=		=		
a		b		c		d		e		

A = 62   a = 74
B = 39   b = 402
C = 571   c = 0
D = 36   d = -5
E = 54   e = 123

46

3	+	4	+	8	x	1	+	5	=	A

Row operators below row A: x, x, +, -, +

| 9 | - | 9 | - | 9 | x | 6 | x | 2 | = | B |

Row operators: +, -, x, +, x

| 6 | - | 5 | + | 4 | x | 6 | + | 4 | = | C |

Row operators: +, +, x, -, x

| 6 | + | 8 | x | 4 | + | 3 | + | 4 | = | D |

Row operators: +, +, x, -, +

| 6 | x | 4 | + | 5 | x | 2 | - | 9 | = | E |

| = | = | = | = | = |
| a | b | c | d | e |

A =	20	a =	45
B =	-108	b =	43
C =	29	c =	728
D =	45	d =	-4
E =	25	e =	46

6	x 7	+ 4	+ 2	+ 5	= A
+	+	x	+	x	
4	x 5	- 5	x 4	x 6	= B
+	x	x	-	-	
2	x 7	x 7	- 9	- 1	= C
x	-	+	+	-	
6	- 7	x 9	- 6	- 9	= D
-	-	+	-	-	
8	- 7	x 4	- 7	- 7	= E
=	=	=	=	=	
a	b	c	d	e	

A =	53		a =	14
B =	-100		b =	28
C =	88		c =	153
D =	-72		d =	-4
E =	-34		e =	13

$$6 \times 7 \times 2 \times 7 + 6 = A$$

$+ \quad + \quad - \quad \times \quad -$

$$3 + 3 + 8 + 9 + 8 = B$$

$\times \quad \times \quad - \quad - \quad \times$

$$2 + 9 \times 1 + 5 - 6 = C$$

$- \quad - \quad - \quad + \quad \times$

$$1 + 6 \times 6 + 5 - 7 = D$$

$\times \quad \times \quad \times \quad - \quad +$

$$4 - 8 - 8 - 8 \times 1 = E$$

$= \quad = \quad = \quad = \quad =$

$$a \quad b \quad c \quad d \quad e$$

A =	594	a =	8
B =	31	b =	-14
C =	10	c =	-55
D =	35	d =	55
E =	-20	e =	-329

49

$$8 \times 2 \times 4 - 8 \times 3 = A$$

$- \quad\quad + \quad\quad \times \quad\quad - \quad\quad +$

$$2 + 9 \times 2 + 8 + 5 = B$$

$- \quad\quad + \quad\quad \times \quad\quad - \quad\quad \times$

$$4 \times 5 - 6 + 7 \times 6 = C$$

$- \quad\quad \times \quad\quad - \quad\quad - \quad\quad \times$

$$3 + 2 \times 6 \times 4 \times 1 = D$$

$\times \quad\quad - \quad\quad + \quad\quad - \quad\quad +$

$$3 + 1 - 5 - 2 \times 4 = E$$

$= \quad\quad = \quad\quad = \quad\quad = \quad\quad =$

a b c d e

A = 40			a = -7	
B = 33			b = 20	
C = 56			c = 47	
D = 51			d = -13	
E = -9			e = 37	

50

$$5 - 5 \times 1 \times 2 \times 9 = A$$

x   -   +   -   +

$$7 \times 7 + 1 - 9 \times 9 = B$$

-      -   +   x   x

$$6 + 6 \times 5 - 7 \times 7 = C$$

+   x   -   +   x

$$1 - 9 - 7 + 1 \times 7 = D$$

-      -   x   -   +

$$5 \times 2 \times 1 - 5 + 1 = E$$

=   =   =   =   =

a   b   c   d   e

A =	-85	a =	25
B =	-31	b =	-58
C =	-13	c =	0
D =	-8	d =	-65
E =	6	e =	451